BEI GRIN MACHT SICH IHR WISSEN BEZAHLT

- Wir veröffentlichen Ihre Hausarbeit, Bachelor- und Masterarbeit

- Ihr eigenes eBook und Buch - weltweit in allen wichtigen Shops

- Verdienen Sie an jedem Verkauf

Jetzt bei www.GRIN.com hochladen und kostenlos publizieren

Bibliografische Information der Deutschen Nationalbibliothek:

Die Deutsche Bibliothek verzeichnet diese Publikation in der Deutschen National-
bibliografie; detaillierte bibliografische Daten sind im Internet über http://dnb.d-
nb.de/ abrufbar.

Dieses Werk sowie alle darin enthaltenen einzelnen Beiträge und Abbildungen
sind urheberrechtlich geschützt. Jede Verwertung, die nicht ausdrücklich vom
Urheberrechtsschutz zugelassen ist, bedarf der vorherigen Zustimmung des Verla-
ges. Das gilt insbesondere für Vervielfältigungen, Bearbeitungen, Übersetzungen,
Mikroverfilmungen, Auswertungen durch Datenbanken und für die Einspeicherung
und Verarbeitung in elektronische Systeme. Alle Rechte, auch die des auszugsweisen
Nachdrucks, der fotomechanischen Wiedergabe (einschließlich Mikrokopie) sowie
der Auswertung durch Datenbanken oder ähnliche Einrichtungen, vorbehalten.

Impressum:

Copyright © 2008 GRIN Verlag, Open Publishing GmbH
Druck und Bindung: Books on Demand GmbH, Norderstedt Germany
ISBN: 9783640575268

Dieses Buch bei GRIN:

http://www.grin.com/de/e-book/146155/die-arbeitsgemeinschaft-als-kooperationss-
trategie-in-der-bauindustrie

Roland Pilot

Die Arbeitsgemeinschaft als Kooperationsstrategie in der Bauindustrie

GRIN Verlag

GRIN - Your knowledge has value

Der GRIN Verlag publiziert seit 1998 wissenschaftliche Arbeiten von Studenten, Hochschullehrern und anderen Akademikern als eBook und gedrucktes Buch. Die Verlagswebsite www.grin.com ist die ideale Plattform zur Veröffentlichung von Hausarbeiten, Abschlussarbeiten, wissenschaftlichen Aufsätzen, Dissertationen und Fachbüchern.

Besuchen Sie uns im Internet:

http://www.grin.com/

http://www.facebook.com/grincom

http://www.twitter.com/grin_com

Bauhaus-Universität Weimar

Fakultät Bauingenieurwesen

Juniorprofessur

Immobilienökonomie

Hausarbeit SS 08

„Die ARGE als Kooperationsstrategie"

im Fach

Allgemeine Betriebswirtschaftslehre

Eingereicht von: Roland Pilot

Eingereicht am: 25.06.2008

Inhaltsverzeichnis

ABKÜRZUNGSVERZEICHNIS

A

a.F.   Alte Fassung

ARGE   Arbeitsgemeinschaft

B

BauR   Baurecht

BGB   Bürgerliches Gesetzbuch

BIEGE   Bietergemeinschaft

F

ff   Folgende

G

GbR   Gesellschaft bürgerlichen Rechts

GmbH   Gesellschaft mit beschränkter Haftung

GVG   Gerichtsverfassungsgesetz

H

HGB   Handelsgesetzbuch

K

KMU   Kleine und mittlere Unternehmen

KG   Kommandit Gesellschaft

M

min.   Minuten

Mio.   Millionen

Mrd.   Milliarden

O

OHG   Offene Handelsgesellschaft

V

VOB   Vergabe- und Vertragsordnung für Bauleistungen

Z

ZIP   Zeitschrift für Wirtschaftsrecht und Insolvenzpraxis

Zeichen

€   Euro

§   Paragraph

ABBILDUNGSVERZEICHNIS

1 EINLEITUNG

Die Arbeitsgemeinschaft wird vorrangig in der Bauwirtschaft angewandt und nimmt eine bedeutsame Rolle ein.

Diese Hausarbeit befasst sich mit den neuen Entwicklungen im Bereich der Arbeitsgemeinschaft in Bezug auf die Rechtssprechung und Veränderungen in der Bauwirtschaft.

Der Autor untersucht, inwieweit die klassische Arbeitsgemeinschaft noch zeitgemäß ist und ob sie den heutigen Anforderungen und Erfordernissen der Bauwirtschaft entspricht und überhaupt noch Anwendung findet. Diese Frage hat neben aktuellen Veränderungen auch einen in das Handelsrecht reichenden Aspekt.

Zur Einführung in die Problematik wird die Arbeitsgemeinschaft definiert und Begrifflich abgegrenzt.

Im Anschluss werden die verschiedenen Kooperationsformen die bekannt sind aufgezeigt und in den Kontext der Umsetzbarkeit gestellt.

Die Vor- und Nachteile der klassischen ARGE weisen dann gleichzeitig in die Erfordernisse in Bezug auf die momentanen Veränderungen in der Bauwirtschaft ein und erklären wie es zu der Bildung neuer Geschäftsmodelle gekommen ist.

Sodann stellt der Autor ein eigenes Modell zur Effizienzsteigerung der Kooperationsmöglichkeit vor. Dieses versucht die aktuellen Entwicklungen in der Rechtssprechung und in Bauwirtschaft zu kombinieren und die Arbeitsgemeinschaft durch neue Synergieeffekte zu stärken, indem Non-recourse-financing für die Gesellschafter möglich wird.

2 DEFINTION ARGE

Die Arbeitsgemeinschaft (ARGE) steht für eine Sammelbezeichnung, der verschiedene Erscheinungen zugeordnet werden. Die ARGE ist im Privatrecht sowie im Öffentlichen Recht anzutreffen und besteht aus keiner bestimmten Gesellschaftsform. Eine signifikante Stellung erhält die ARGE im Bereich der bauausführenden Wirtschaft speziell bei KMU.

Im Bereich der Bauwirtschaft steht die ARGE für die gemeinschaftliche Ausführung von Vorhaben unter mindestens zwei verschiedenen Unternehmen. Diese Gemeinschaft setzt sich zum Ziel, mit der Institution der ARGE eine zeitlich befristete Leistungserbringung unter einer Ad-hoc Kooperation zu verrichten. Üblicherweise geschieht dies in der Rechtsform einer BGB-Gesellschaft nach § 705 ff BGB mit einzelnen Abweichungen.

Aus dieser Rechtsform resultiert die gesamtschuldnerische Haftung aller Partner mit der Risikoreduzierung für den Auftraggeber. Bei Leistungsausfall oder Insolvenz einzelner Unternehmen bedient er sich an der vereinten Wirtschaftskraft der Unternehmen.

Ausgearbeitete Musterverträge der unterschiedlichsten Verbände dienen oftmals als Grundlage und regeln Namen, Sitz und Zweck der Arge, die Gesellschafter und deren Anteile sowie die Organe und finanzielle Interessen.

Im Vordergrund steht der Ausgleich von Über- oder Unterkapazitäten der Partner als Ergebnissteigerung.
Die KMU sind wiederholt in der Situation die Kapazität des Vorhabens bezogen auf Ihre eigene Kapital- und Umsatzstruktur nicht ausführen zu können. Der Zusammenschluss in der ARGE bedeutet für die Projekte eine Verteilung des Risikos und die Erhöhung der Bürgschaftskapazität sowie der Bonität. Neben den finanzpolitischen Entscheidungen finden auch Bündelungen der technischen Ressourcen und des Know-hows statt. Das unternehmensbezogene Leistungsvermögen kann durch den Austausch von Schlüsselpersonal unter den Beteiligten als Synergieeffekt genutzt werden.

Neben den Beschlüssen der KMU kann die Arbeitsgemeinschaftsgründung auch auf Wunsch des Bauherren geschehen. Hierbei können Entscheidungsfaktoren wie die Einbindung lokaler Firmen aus arbeitsmarktpolitischen Gründen und das Präferieren weiterer Bieter eine Rolle spielen.

Vor dem Zusammenschluss in eine ARGE, während der Angebotsphase, schließen sich die Unternehmen in einer Bietergemeinschaft (BIEGE) zusammen. Diese wird oftmals mündlich geregelt und nicht vertraglich festgeschrieben. Hierbei kommt es weniger oft zu internen Absprachen, die dem Auftraggeber scheinbar konkurrierende Unternehmen präsentieren, welche allerdings darauf folgend eine nachträgliche Bildung der ARGE anstreben.

Die Rechtslage bei nachträglichen Zusammenschlüssen ist unzureichend geklärt und umstritten. [1]

Das Konsortium grenzt sich durch vorhandene Liefer- bzw. Produktionsgemeinschaften selbständiger Partner und der Leistungserbringung als Einzelunternehmen fungierende Konsortionalpartner ab. [2]

2.1   INNENVERHÄLTNIS

Das Innenverhältnis der ARGE setzt sich aus der nachfolgenden Übersicht zusammen:

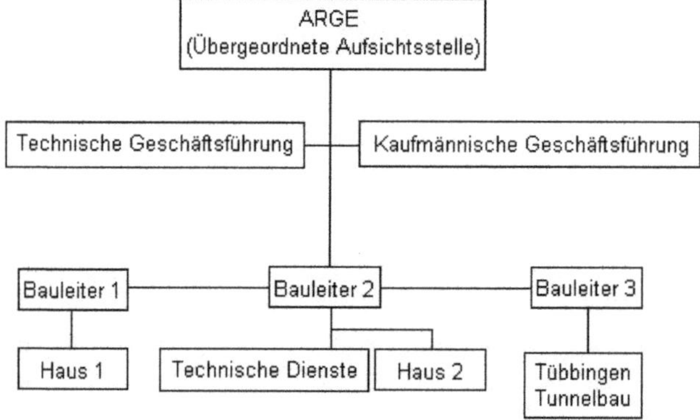

Abbildung 1: Das Innenverhältnis der ARGE

Quelle: Eigene Anfertigung.

---

[1] Die Nachwirkung bei Rusam in Heiermann / Riedl / Rusam § 25 . 6
[2] Lehrveranstaltung Construction Company Management, Bauunternehmensmanagement ETH Zürich, Dr. Ing. Gerhard Germscheid

Die technische Geschäftsführung wird einem Gesellschafter übertragen. Dieser ist verantwortlich für die Einhaltung des Vertrages und die Ausführung der übergeordneten Aufsichtsstelle als oberstes Leitungsorgan von Grundsatzfragen. Dieser Teil der Geschäftsführung vertritt die ARGE gegenüber dem Auftraggeber. Die kaufmännische Geschäftsführung wird ebenfalls einem Gesellschafter übertragen und beinhaltet den kaufmännischen Bereich der technischen Geschäftsführung.

Am Beispiel von Nachträgen wird diese Aufteilung deutlich: Während die technische Geschäftsführung den Nachtrag auf die Umsetzung und einzusetzenden Maschinen beleuchtet, unterbreitet die kaufmännische Geschäftsführung die Nachtragsangebote. Diese Grenzen können in kleineren Argen verlaufen.

Den geschäftsführenden Gesellschaftern steht im Gegensatz zur klassischen BGB-Gesellschaft nach § 705 ff. kein Widerspruchsrecht untereinander zu. Hier unterscheidet sich die Mustervertragsarge gegenüber der BGB-Gesellschaft.

Es wird deutlich, dass die ARGE Mitarbeiter beschäftigt und nach ihren Kompetenzen einsetzt, um Synergieeffekte nutzen zu können. Um dies bereitzustellen, müssen die Partner Finanzmittel zur Verfügung stellen. In Bezug auf Punkt 2.2.1 hat sich in den vergangen Jahren gezeigt, dass die Gesellschafter neben den Vertragserfüllungsbürgschaften untereinander Bürgschaften abverlangt haben. Zunehmende Insolvenzen der Vertragspartner ziehen weit reichende Folgen durch das Gesellschaftskonstrukt mit sich.

2.2 AUßENVERHÄLTNIS

Die ARGE kann Ihre Ansprüche selbständig erwerben und gleichzeitig auch Schuldner werden. Dem Auftraggeber liegt die Entscheidung frei, die Gesellschafter in Anspruch zu nehmen. [3] Hieraus resultiert die kaufmännische Betrachtung der GbR als solche, worauf unter 3.4.1 noch detaillierter eingegangen wird.

---

[3] BGH 29.01.2001 II ZR 331 / 00

3 HAUPTTEIL

3.1 KOORPERATIONSFORMEN

Es ist zwischen einer horizontalen und vertikalen Kooperation zu unterscheiden. Die horizontale Kooperation beschreibt die für die Baubranche entscheidende Form in der Arbeitsgemeinschaftsbildung.

Hierbei schließen sich Unternehmen derselben- oder miteinander verwandten Branche zusammen. Es ist darauf hinzuweisen, dass es sich in den meisten Fällen der ARGE nicht um eine komplementäre Kooperation handelt, da die Unternehmen in Ihrem Tagesgeschäft meistens Konkurrenten sind und verdeutlicht, dass Vertrauen unter den Partnern Voraussetzung für eine erfolgreiche Abwicklung ist.

Die vertikale Kooperation stellt eine Verbindung zwischen vor- und nachgeordneten Unternehmen einer Branche dar; klassischerweise die Lieferbeziehung in den Bereichen der Produktion oder dem Handel. [4]

Die ARGE als solche zeichnet sich in ihrer Struktur der Beziehungen zwischen den Partnern als direkte Kooperation aus, da die Partner unmittelbar in Kontakt treten. [5]

Der Grundrahmen in allen Bauhandwerker Kooperationsformen sieht neben der reinen Erbringung der Bauleistung auch konzentrierte Werbung in Bezug auf den Auftraggeber vor. Im engeren Sinne handelt es sich um eine Zusammenarbeit nach einer Mittelstandsempfehlung und als „Erfahrungs- und Meinungsaustausch". [6]

Diese Mittelstandsempfehlung bezieht sich auf die Zugehörigkeit der Partner zu Wirtschaftsstufen und Branchen. [7]

3.2 VOR/NACHTEILE DER KLASSISCHEN ARGE

Mitunter der wichtigste Grund für die Bildung einer ARGE liegt in der Begrenztheit der kapazitären Möglichkeiten. Diese ist erreicht sobald der Auftrag im Umfang die Kapazität des

---

[4] Bott 1967, S. 136 ff.; Thelen 1993, S. 58 ff.
[5] Bidlingmaier 1968a, S. 363f.
[6] Kooperationen in der Bauwirtschaft, Ein Leitfaden für alle Baugewerke, Rolf E. Bergdoll
[7] Unternehmenskooperationen in Deutschland, Vorrausetzungen und Verbreitung, Dietrich O. Schmidt

Einzelunternehmens übersteigt. [8] Durch die Aufteilung der für die Erstellung des Bauvorhabens erforderlichen Maßnahmen unter den ARGE-Gesellschaftern könnte diese einseitige Kapazitätsüberlastungen vermieden werden. [9]

Zunächst muss hervorgehoben werden, dass die Kooperationsform der ARGE für KMU am attraktivsten ist. Große Konzerne finanzieren Ihre Projekte selbständig und benötigen in den meisten Fällen keine Ressourcenbündelung in finanzieller oder materialtechnischer Hinsicht, um ein Großprojekt realisieren zu können.

Vorteile lassen sich demnach in der Kooperationsform der ARGE ausschöpfen, wenn sich Unternehmen in der gleichen Betriebsgrößenklasse befinden und dem regionalen Umfeld verbunden sind, sowie wie in 3.1 erwähnt eine horizontale Kooperation ermöglichen.
Somit ist sichergestellt, dass die allgemeine geschäftliche Grundproblematik der Partner gegenwärtig ist und das eigene Tagesgeschäft sich mit diesen auseinandersetzt.
Neben den Faktoren der Risikoverteilung bei Großaufträgen oder bei technisch schwierigen Aufträgen und der Verringerung der Kosten für das Ausarbeiten eines Angebots finden die Unternehmen in Ihren Regionen gleiche Kundenkreise. Der Austausch zwischen Kunde und Partnerschaft schafft Raum für neue Lösungen.

Die Unternehmen schaffen eine künstlich höhere Kapazität auf kurze Sicht ohne das Tagesgeschäft beeinflussen zu müssen. Ein Resultat der Kapazitätserhöhung und des Auftritts in einer ARGE kann eine gewisse Marktbereinigung zur Folge haben. [10]
Des weiteren können neue Kontakte über den Einkauf, die gemeinschaftliche Werbung, Transport- und Lagergemeinschaften und die einheitliche Anwendung von Geschäfts- und Lieferungsbedingungen in das Tagesgeschäft übernommen werden. Die Einbringung von speziellen Geräten und besonderer Ausrüstung der Unternehmen ermöglicht es, während der Ausführung wirtschaftlicher agieren zu können.

Diese Aspekte leiten gleichzeitig auch in die Nachteile der Kooperation ein. Bei einem Ungleichgewicht der eingebrachten Handelsbeziehungen etwa, sieht sich einer der Partner schnell im Verlust seiner Kontakte und Technologievorteile. Die Gefahr besteht also, dass die Partner Ihre Beziehungen und Ressourcen nicht voll ausreizen, um nach der

---

[8] Klenk in Söch/Ringleb § 2 Rn 52; Ulmer in MüKo/GBG 5 Vor § 705 Rn 44
[9] Straube, Manfred; Die bürgerlcih-rechtliche Gesellschaft als Rechtsform zwischenbetrieblicher Kooperation, Wien 1977
[10] Grundlagen des Baubetriebswesen, Ein kurzer Überblick Nr. 9 2005,H.-J. BARGSTÄDT, R. STEINMETZGER, S. 173

abgewickelten ARGE im eigentlichen (GbR) Sinne, der Ad-hoc Kooperation, **nachteilig** aufgrund Ihrer horizontalen Beziehung gestellt zu sein.

Ein wesentlicher Nachteil der klassischen ARGE besteht in der Haftungsfrage des gesellschaftlichen Konstrukts der GbR beziehungsweise im Full-recourse-financing. Diese mit der gesamtschuldnerischen Haftung ausgestattete Rechtsform kann für KMU schnell die Problematik einer Insolvenz mit sich bringen -**ohne** eigenes Zutun.
In Zeiten von Kalkulationen über 2-3 % Wagnis und Gewinn sowie marginales gesellschaftliches Grundkapital gehen die Ansprüche an die Kooperationspartner über. Dem Grundgedanken der ARGE entsprechend Aufträge ausführen zu können, welche das eigene Umsatzvolumen überschreiten, tritt im Umkehrschluss ein Insolvenzdomino-Effekt ein.

Die kurzfristige und auftragsbezogene ARGE ermöglicht es den Vertragspartnern, unlauteres Handeln mit dem Auftraggeber einzugehen, ohne sich auf weite Sicht selbst zu schaden. Beispielsweise werden die Mitglieder der ARGE von einer unvorhersehbaren schwachen Kapitalsituation eines Partners durch die übergeordnete Aufsichtsstelle unterrichtet und sehen sich nun in der Bedrohung durch die Insolvenz des Partners. Dies kann - wie oben aufgeführt – weit reichende Folgen haben und als Ausweg steht die Kündigung bei Insolvenz des Auftragnehmers gemäß § 8 Nr. 2 VOB/B, was unter näheren Voraussetzungen dem Kündigungsrecht aus wichtigem Grund entspricht. [11] Diese näheren Voraussetzungen wären erfüllt, sobald vom Auftraggeber im gegebenen Fall zulässigerweise das Insolvenzverfahren (§§14 und 15 InsO) bzw. ein vergleichbares gesetzliches Verfahren beantragt wird.

Es wird deutlich, dass Transaktionskosten eine besondere Stellung einnehmen. Transaktionskosten ex ante sollten somit für die Partner eine signifikante Rolle einnehmen und vorher bewertet werden.

Neben den Vor- und Nachteilen für die Gesellschafter generiert die ARGE ebenfalls Vorteile für den Auftraggeber. Die öffentliche Hand kann durch die breitere Streuung aufgrund der Existenz mehrerer ausführender Unternehmen in Form der ARGE eher zu einer Konjunkturbelebung beitragen. [12]

---

[11] Das neue Werkvertragsrecht unter besonderer Berücksichtigung der VOB/B, Kapellmann und Partner, S. 145
[12] Sprau in Palandt § 705 BGB Rn. 37

Die Beteiligung von KMU kann volkswirtschaftlich und strukturpolitisch durchaus sinnvoll sein wenn diese im Wachstum gefördert werden um gleichzeitig eigenes Wirtschaftswachstum generieren zu können.

Im Ausschreibungsverfahren muss die öffentliche Hand sich nicht zwischen mehreren Bietern entscheiden sondern kann die Auftragssumme verteilt auf mehrere Unternehmen vergeben. Besonders klar wird dies im Kontext des § 8 VOB/A nach den Vergaberichtlinien in denen es um eine Vielzahl von Faktoren geht.

Die ARGE bringt aus dem Zusammenschluss mehrerer Unternehmen eine Marktbelebung mit sich, indem die Kapitalbündelungen der Unternehmen weitere Bewerber bei Ausschreibungen zulassen.

Vorteile lassen sich auch für die Privatwirtschaft erzielen durch die Auftragsvergabe an eine ARGE. Bestehen mehrere Geschäftskontakte zu Bauunternehmen kann es durchaus sinnvoll sein um das weitere Geschäftsleben mit beiden Partnern ungestört fortlaufen zu lassen den Auftrag an beide zu vergeben. Des weiteren erzielt die Auftragsvergabe den entscheidenden Vorteil Koordinierungsfragen während der Bauphase gar nicht erst entstehen zu lassen, da in jedem Teilbereich nach Vertragsabschluss fachlich qualifizierte Unternehmen beschäftigt sind.

Die nachfolgen Grafen zeigen die prozentuale Entwicklung der ARGEN-Zusammenschlüsse in der Bauwirtschaft im Verlauf von 2001 bis 2006 auf. Unterschieden wird zwischen KMU-Unternehmen bis 249 Beschäftigten und Großunternehmen über 250 Beschäftigten. Beleuchtet wird die Entwicklung der erwirtschafteten Jahresumsätze im Hoch- und Tiefbau durch Arbeitsgemeinschaften in Deutschland bemessen am Gesamtumsatz.

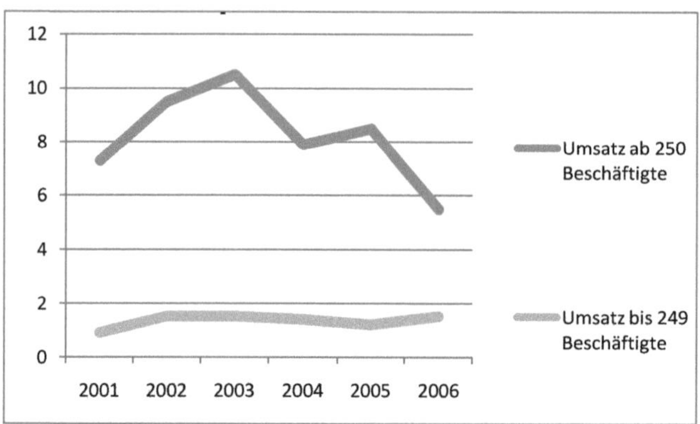

Abbildung 2: Beschäftigung, Umsatz und Investitionen der Unternehmen im Baugewerbe 2001 – 2006.

Quelle: Statistisches Bundesamt, Fachserie 4, Reihe 5.2

Zusammenfassend wirken sich Vor- und Nachteile besonders auf die Attraktivität für die Hauptzielgruppe der KMU aus. Nur 1,3 % des Gesamtumsatzes im Hoch- und Tiefbau wurden im Durchschnitt von 2001 bis 2006 durch ARGEN im KMU Bereich erwirtschaftet. Hingegen erwirtschafteten die ARGEN der Großunternehmen (ab 250 Beschäftigte) 8,2 % des Gesamtumsatzes. [13]

3.3 VON DER GBR ZUR HANDELSGESELLSCHAFT

Die Bezeichnung der ARGE trifft keine Aussage über die Gesellschaftsform. Sie bedeutet lediglich im Sinne ihrer Definition, dass sich Unternehmer auf vertraglicher Grundlage zusammengeschlossen haben, um Bauaufträge für gleiche oder verschiedene Fachgebiete oder Gewerbezweige gemeinsam auszuführen. [14] Die ARGE in einer anderen Rechtsform gründen zu wollen war bis zur Reformierung des Kaufmannsrechts am 01.07.1998 [15] im Handelsrechtsreformgesetz gar nicht erst diskutiert worden. Diese Reform ebnete den Weg für den Katalog des Grundhandelsgewerbes nach § 1 Abs. 2 HGB a.F. und die damit verbundene veränderte Definition des Gewerbebetriebes. Hiernach wird nun jeder Gewerbebetreib erfasst, der einen in kaufmännischer Weise eingerichteten Geschäftsbetrieb erfordert.

---

[13] Anlagenverzeichnis: Darstellung 1
[14] Korbiaon in Ingenstau/Korbion Anhang 3 Rn 9
[15] BGB1. I, 1474

Im Ergebnis müssen zwei Voraussetzungen erfüllt werden damit die ARGE dem Handelsrecht zugeordnet werden kann. Zum einen muss sie ein Gewerbe im handelsrechtlichen Sinne betreiben, zum anderen muss dieser Gewerbebetrieb einen kaufmännischen Geschäftsbetrieb erfordern. Letzteres ist für die ARGE in jedem Fall durch die Ausführung von Bauprojekten erfüllt.

Daraus ergibt sich, dass die handelsgewerbebetreibende ARGE als Kaufmann zu betrachten ist und sich gemäß § 29 HGB in das Handelsregister eintragen lassen kann. Alleine die Voraussetzung ob die ARGE ein Gewerbe im Sinne des Handelsrechts darstellt entscheidet darüber, ob die ARGE als GbR oder zunächst als OHG einzustufen ist. [16]

Die Rechtssprechung stellte sich diesem Problem lange Zeit nicht, da immer selbstverständlich von einer Qualifizierung der ARGE als GBR ausgegangen wurde. In den letzten Jahren durchlief die Rechtsprechung allerdings einen Wandel in der Beurteilung der Gesellschaftsformen. Diese Entwicklung in der Rechtssprechung stellt keine elementare Veränderung für die ARGE und die Bauwirtschaft an sich dar, sie weist lediglich aus juristischer Sicht neue Wege auf. Der mögliche Ansatz des Non-recourse-financing wird zumindest aus der rechtlichen Sicht indirekt schon aufgegriffen.

3.4.1 URTEILE

Dem Interessierten Leser sollen die nachfolgenden Urteile der Auseinandersetzung mit der Rechtssprechung dienen und darlegen werden wie unklar sich diese mit der ARGE auseinandersetzt.

Die Entscheidung des Kammergerichts vom 22.08.2001, BauR 2001, 1790:

„die Kammer für Handelssachen für die Entscheidung über die Klage eines Bauunternehmens gegen Gesellschafter einer GbR als Auftraggeber eines Bauvertrags, der die Durchführung eines einzigen Bauvorhabens zum Inhalt hatte, jedenfalls dann (gemäß § 95 GVG) zuständig ist, wenn die Abwicklung des Bauprojektes wegen dessen Größenordnung als auf Dauer angelegte gewerbliche Tätigkeit, die mit Gewinnerzielungsabsicht betrieben wird, angesehen werden kann." [17]

---

[16] Joussen, BauR 1999, 1063, 1065
[17] KG BauR 2001, 1790

Im zitierten Fall erklärte das Kammergericht die Gewerbeeigenschaft einer ARGE hinsichtlich der erforderlichen Dauerhaftigkeit und Planmäßig als gegeben. Die Größe des Auftrages in Höhe von einem Pauschalpreis von 13 Millionen DM und das Erfordernis eines kaufmännischen Geschäftsbetriebes führen so eindeutig zur Zuständigkeit der Kammer für Handelssachen.

Auch wenn in dem Urteil nicht explizit auf die Geschäftsform der ARGE eingegangen wurde, wird deutlich, dass konsequenterweise die ARGE als ein Handelsgewerbe zu betrachten ist und demnach als OHG zu qualifizieren wäre.

Ähnlich entschied das Landgericht Berlin vom 04.11.2002, BauR 2003, 136:
Jedenfalls bei größeren Aufträgen regelmäßig Kaufmann im Sinne von § 1 HGB ist, da ihre Gesellschafter einen Gewerbetreib betreiben, der einen in kaufmännischer Weise geführten Geschäftsbertrieb erfordert". [18]

Ebenso die Entscheidung des Landgerichts Bonn vom 09.09.2003, ZIP 2003, 2160:
„eine aus mehreren Baufirmen, sämtlich Kaufleute im Sinne des HGB, gebildete ARGE jedenfalls dann ihrerseits eine Handelsgesellschaft ist, wenn der Zusammenschluss der Realisierung eines größeren Bauvorhabens dient." [19]

Auch das OLG Frankfurt a.M. greift in seinem Beschluss aus dem Jahre 2004 die Argumente vom Landgericht Bonn auf:
„ohne Publizitätsakt zur OHG und damit selbst zum Handelsunternehmen, wenn sie in einem kaufmännisch eingerichteten Betrieb ein Bauvorhaben von erheblichen Umfang ausführt." [20]

3.4.2 BEDEUTUNG FÜR DIE KOOPERATION UND RECHTSFORM

Die aufgeführten Urteile zeigen den Umbruch in der Betrachtung der ARGE auf. Ein wesentlicher Wechsel würde sich nur durch die Neugestaltung durch den Gesetzgeber ergeben. Im Resultat mit dem Ende der ARGE. Neben der oben aufgeführten Zusammensetzung der ARGE nach Korbiaon unter Punkt **3.3** wird ersichtlich, dass alternativ die Rechtsformwahl den Unternehmen frei steht, auch wenn diese dem eigentlichen Sinn der Ad-hoc Kooperation widersprechen und dennoch sinnvoll sein kann.

---

[18] LG Berlin, BauR 2003, 136 = IBR 2002, 669
[19] LG Bonn, ZIP 2003, 2160
[20] OLG Frankfurt a.M., NJOZ 2005, 2583

Die in der Definition beschriebene GbR, welche sich in einigen wenigen Grundzügen von der klassischen BGB-Gesellschaft abgrenzt, sind demnach alternative Rechtsformen möglich.

Die gängige Literatur weist die Bildung einer Kapitalgesellschaft als Gründung für Ad-hoc Projekte als überorganisiert aus und sie widersetze sich dem Grundgedanken der ARGE. [21]

Die ARGE als offene Handelsgesellschaft gründen zu wollen ist aufwandsbezogen unproblematisch, jedoch ist der Grundgedanke - der OHG/KG im Betrieb eines kaufmännischen Handelsgewerbes nach § 105 Abs. 1, Abs. 2 HGB auf Dauer ausüben zu wollen - gegenläufig.

Hierbei sind Dauer-ARGEn (fortgesetzte ARGEn) zu betrachten, welche bei größeren Aufträgen der öffentlichen Hand zwar keine andauernde Zusammenarbeit vorsehen, sich dennoch für eine konstitutive Eintragung als OHG/KG im Handelsregister eignen. Ohne die gesellschaftliche Grundform der ARGE beabsichtigt zu verändern, kann dies schon **automatisch** bei der vertraglichen Verständigung der Partner untereinander geschehen, weitere Aufträge im Sinne des Vorrangegangen ausführen zu wollen.

Ferner werden in heutigen Vergabeverfahren von Bauprojekten Facility-Management Leistungen über einen langfristigen Zeitraum vergeben mit der Intention, dass das ausführende Unternehmen die Objektstruktur von Grund auf kennt.

Durch die vorstehende Erläuterung wird deutlich, dass die Organisationsstruktur der ARGE jedem Gründer frei steht und die Rechtsform nicht bindend vorgeschrieben ist. Es handelt sich um entstandene **Grundgedanken**, während der Entstehung der ARGE als einfaches Rechtsformgerüst dienen zu wollen, etwa bei Ad-hoc Kooperation.

---

[21] Kleine - Möller, München Handelsbuch GesR I § 20

4   NEUE ANSÄTZE

Die oben genannten Aspekte zeigen auf, dass eine alternative Rechtsform das wesentliche Haftungsproblem beheben kann. Die Entscheidung des Kammergerichts vom 22.08.2001 verdeutlicht, dass diese Leistungen auch schon durch die reine Ausführung von einem Projekt über umgerechnet 6.5 Mio € durchaus der Fall ist. Nachfolgend soll zunächst eine Empfehlung von einer Steuerberatungskanzlei angesprochen werden und ein eigens entwickeltes Modell vorgestellt werden.

4.1 TOCHTERGESELLSCHAFTSGRÜNDUNG

Für ausführende Unternehmen die regelmäßig an ARGEN beteiligt sind empfiehlt die angesprochene Kanzlei [22] die Gründung einer Tochtergesellschaft in der Rechtsform einer GmbH.

Diese Gesellschaft beteiligt sich an den ARGEN und haftet ausschließlich mit dem eingelegten Kapital im Sinne des Non-recourse-financing. Die Muttergesellschaft bleibt hierbei unangetastet.

Um dem geringen Gründungsformalitäten der ARGE zu entsprechen ließe sich hierbei auch die Gründung einer Limited in Betracht ziehen. Überschaubare Gründungsformalitäten und geringe Einlagen ab € 1 treffen die Grundgedanken der ARGE.

Ein ausländischer Dienstleister welcher notwendig ist für die Abwicklung der Formalitäten wird durch die notarielle Beurkundung und umfangreiche Offenlegungsflicht der Deutschen GmbH wieder wettgemacht. Eine unklare Rechtssituation in Bezug auf die angelsächsische Rechtsform im deutschen Recht kann sich hierbei unter Umständen sogar noch vorteilhaft auswirken.

Im Endeffekt verfügt die Tochtergesellschaft über dieselbe Kapitalhöhe wie die Muttergesellschaft und ist somit gleichermaßen unfähig eine Insolvente ARGE aufzufangen. Resultierend ergibt sich eine Insolvenz der Tochtergesellschaft und den Verfall parallel laufender ARGEN.

---

[22] Siart + Team Treuhand GmbH, Wirtschaftsprüfungs- und Steuerberatungsgesellschaft, http://www.siart.at/43/**arge**bau.pdf

Aufgrund dieser Tatsache stellt die Tochtergesellschaftsgründung aus Sicht des Autors einen Weg in die falsche Richtung dar; wenn auch durch die Nutzung von zweifelhaften Synergieeffekten der Limited.

4.2 DIE GMBH ARGE

Reine Bauleistungen wurden in den letzten Jahren als uneinhaltbare Dumpingangebote mit der Spekulation auf Vertragslücken und zweifelhafte Nachträge abgegeben. Als gegenläufige Entwicklung nahm als Beispiel der Bilfinger-Berger Konzern den Namenszusatz: „The Multi Service Group" in das Marketing-Konzept mit auf:

„Bilfinger Berger hat sich als Multi Service Group positioniert
Wir bieten ganzheitliche Lösungen in den Bereichen Immobilien, Infrastruktur,
Industrie- und Kraftwerksservice

Bilfinger Berger expandiert stark
Wir konzentrieren uns dabei auf die attraktiven Geschäftsfelder Dienstleistungen
und Betreiberprojekte" [23]

Die Kombination aus dem technischen Know-how und den daraus resultierenden Möglichkeiten im Service-Bereich haben in Deutschland nur zwei große Unternehmen erkannt und diese bestehen als einzige heute noch. Diese Entwicklung sollte wegweisenden Charakter für die KMU haben.

Dem Wechsel und den neuen Möglichkeiten durch benannte Urteile muss sich auch die ARGE anpassen um auf Dauer bestehen zu können. Baumaßnahmen werden heutzutage nicht mehr nur über die reine Bauleistung vergeben sondern bis hin zur Verwertung. Ad-hoc Kooperationen im klassischen Sinne der ARGE sind also nicht mehr in jedem Fall zeitgemäß.

Aus diesem Missstand entwickelte sich im Verlauf dieser Hausarbeit das nachfolgende Modell:

---

[23] Internetseite der Bilfinger & Berger AG,
http://www.bilfingerberger.de/C125710E004ABFC5/vwContentByKey/W26MNJLM193MARSDE

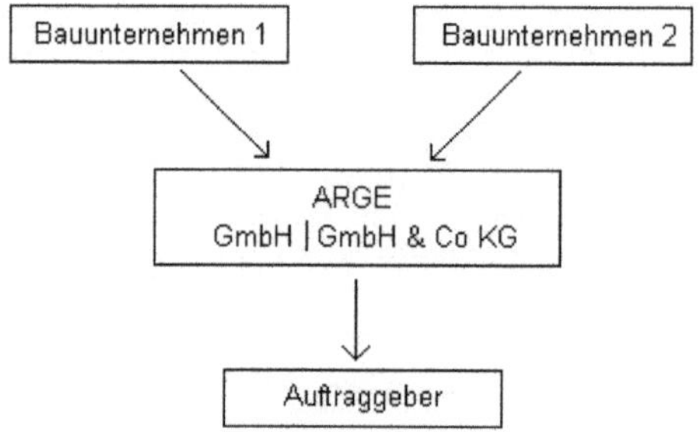

Abbildung 3: Die GmbH-ARGE.

Quelle: Eigene Anfertigung.

Im Modell besteht die ARGE in ihrer Rechtsform erstmals als Gesellschaft mit **beschränkter** Haftung. Alternativ kann die ARGE als GmbH & Co KG gegründet werden. Kommanditisten können das Vorhaben finanziell unterstützen und beteiligt werden, ohne aber ein weiteres Bauunternehmen als Gesellschafter mit aufzunehmen.

Der zeitliche Ablauf beider Rechtsformen beginnt mit einer vor-GmbH, welche ähnlich wie die BIEGE auftritt und bei Auftragserteilung zur „voll-GmbH" ausgebaut wird. Ein Vorteil gegenüber der BIEGE besteht bei Nichterteilung des Auftrages in der Berufung auf eine unechte Vorgesellschaft. Diese kann die Verlustdeckungshaftung anwenden, wenn die Geschäftstätigkeit nach Aufgabe der Eintragungsabsicht sofort beendet und die Vorgesellschaft abgewickelt wird. [24]

Während der Bauzeit bis hin zur Verwertung des Projektes bleibt die ARGE bestehen und die Gesellschafter bündeln ihre Kompetenzen neben der Bauleistung auch im Facility-Management. Hierdurch ergeben sich völlig neue Partnerschaftsmöglichkeiten in der Angebotsabgabe die aufgrund des Ad-hoc Gedankens nicht möglich waren:

---

[24] BGH, Urteil vom 4. 11. 2002 - II ZR 204/00

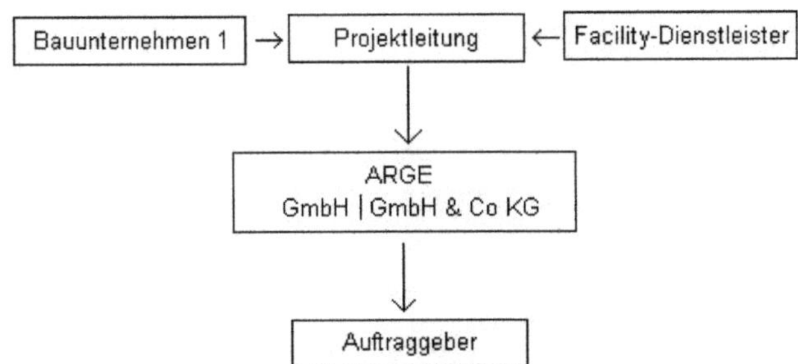

Abbildung 4: Die GmbH-ARGE als Full-Service Anbieter.

Quelle: Eigene Anfertigung.

Die Geschäftsführung der ARGE kann einer professionellen Projektleitung übertragen werden, die Kompetenzen der Bauleistung und der späteren Facility-Dienstleistung optimal verbindet.

Durch die oben aufgeführte Konstellation erhält das Bauunternehmen die Möglichkeit sich an einem Projekt inklusive des Facility-Managements zu beteiligen ohne die eigene Geschäftsstruktur verändern zu müssen. Etwaige Sanierungsaufträge können ausgeführt werden ohne die Facility-Dienstleistung berühren zu müssen.

Der Facility-Dienstleister beteiligt sich nun während des Bauplanungsprozesses aktiv an der Gestaltung essentieller Einrichtungen für die Nutzung. Hierdurch verringern sich die Kosten der später anstehenden Leistung wesentlich.

Ferner entfällt die angesprochene Problematik des Ungleichgewichtes der eingebrachten Handels- und Geschäftsbeziehungen in der klassischen ARGE.

Finanzierungstechnisch lässt sich in dieser Rechtsform die Einlagenerbringung der einzelnen Gesellschafter in einem gesonderten Vertrag über einen Schlüssel gerecht verteilen. Am Beispiel der Elb-philharmonie in Hamburg- die Kosten im Leistungsvertrag, welche abschließend die Notwendigkeit für KMU einer neuen Konstellation der ARGE deutlich machen:*„Gesamtbaukosten: 241,3 Mio. €; Facility-Management über 20 Jahre: 104,3 Mio. €"* [25]

---

[25] ReGe Hamgurg Projekt - Realisierungsgesellshaft mbH

5   ZUSAMMENFASSUNG

Betrachtet man die rückläufige Kooperation in der Bauwirtschaft mittels ARGEN wird deutlich, dass neue Ideen nötig sind um aktuellen Veränderungen der Full-Service Anbieter gleichhalten zu können und unter Umständen der aktuellen Rechtssprechung gleichzuziehen.

Die klassische ARGE in der Bauwirtschaft bleibt auch durch das Handelsrechtsreformgesetz eine GbR. Sie betreibt nach neuer wie alter Rechtssprechung keinen handelsrechtlichen Gewerbebetrieb. Eine veränderte Einordnung der ARGE würde gleichzeitig auch das Ende dieser bedeuten und nur durch eine Neuregelung durch den Gesetzgeber möglich.

Das vorgestellte Geschäftsmodell bringt die nötigen Grundlagen hierfür mit und beschränkt die Haftung wesentlich für alle Beteiligten indem es den Weg zum Non-recourse-financing eröffnet. Durch das Entstehen von Synergieeffekten aufgrund neuer Partnerschaftskonstellationen kann dieses Modell der Bauwirtschaft einen Mehrwert generieren, der in der klassischen ARGE so nicht möglich ist.

6 QUELLENVERZEICHNIS

Bargstädt, Hans-Joachim: Grundlagen des Baubetriebswesen, Ein kurzer Überblick Nr. 9, Weimar 2005

Bergdoll, Rolf E.: Kooperationen in der Bauwirtschaft – Ein Leitfaden für alle Baugewerke, Neckargemünd 1993

Feldmann, Eva: Die Zukunft der ARGE – Zwischen Handelsgesellschaft und GbR Diss., WS 2005/2006

Germscheid, Gerhard: Lehrveranstaltung Construction Company Management, Bauunternehmensmanagement ETH Zürich, SS 2008

Heiermann, Wolfgang; Riedl, Richard; Rusam, Martin: Handkommentar zur VOB, Teile A und B, 10. Auflage, Wiesbaden 2003

Kapellmann und Partner: Das neue Werkvertragsrecht unter besonderer Berücksichtigung der VOB/B, Frankfurt 2007

Schmidt, Dietrich O.: Unternehmenskooperationen in Deutschland - Vorrausetzungen und Verbreitung, Gabler 1997

Straube, Manfred: Die bürgerlich-rechtliche Gesellschaft als Rechtsform zwischenbetrieblicher Kooperation, Wien 1977

Wegener, Hartumut: Vortrag zur Elbphilharmonie Hamburg – Ein ausgezeichnetes PPP-Projekt, 8. Symposium für Bau - Weimar 2008

o.V.: (Siart + Team Treuhand GmbH, Wirtschaftsprüfungs- und Steuerberatungsgesellschaft), letzter Zugriff: 25. Juni 2008 – 14:54 Uhr

http://www.siart.at/43/argebau.pdf

o.V.: (Bilfinger & Berger AG), letzter Zugriff: 25. Juni 2008 – 14:54 Uhr

http://www.bilfingerberger.de/C125710E004ABFC5/vwContentByKey/W26MNJL M193MARSDE

BEI GRIN MACHT SICH IHR WISSEN BEZAHLT

- Wir veröffentlichen Ihre Hausarbeit, Bachelor- und Masterarbeit

- Ihr eigenes eBook und Buch - weltweit in allen wichtigen Shops

- Verdienen Sie an jedem Verkauf

Jetzt bei www.GRIN.com hochladen und kostenlos publizieren